# SOCIÉTÉ ROYALE ET CENTRALE D'AGRICULTURE.

# PROGRAMME DES PRIX PROPOSÉS

PAR LA SOCIÉTÉ,

Dans sa séance publique du 10 avril 1831,

POUR

## LE DESSÉCHEMENT

DES

## TERRES ARGILEUSES ET HUMIDES

AU

MOYEN DE PUISARDS ARTIFICIELS, DE SONDAGES ET DE COULISSES OU RIGOLES SOUTERRAINES.

(Extrait des *Mémoires de la Société royale et centrale d'agriculture*, année 1831.)

DU

# DESSÉCHEMENT

DES

# TERRES CULTIVABLES

SUJETTES A ÊTRE INONDÉES;

PAR M. LE Vte. HÉRICART DE THURY,

VICE-PRÉSIDENT DE LA SOCIÉTÉ ROYALE ET CENTRALE D'AGRICULTURE.

. . . . . . . . . . . . . . . . . . . . Quique paludis
Collectum humorem bibulâ deducit arenâ ?

VIRGIL., *Georgic.* Lib. I.

PARIS,
IMPRIMERIE DE Mme. HUZARD (NÉE VALLAT LA CHAPELLE),
IMPRIMEUR DE LA SOCIÉTÉ,
Rue de l'Éperon-Saint-André-des-Arts, n°. 7.

1831.

## OBSERVATIONS PRÉLIMINAIRES.

La Société royale et centrale d'agriculture, après s'être, pendant plusieurs années, particulièrement attachée à propager et encourager la pratique des irrigations et l'établissement des puits forés, a pensé qu'elle devait également encourager le desséchement des terres cultivables sujettes à être annuellement inondées par la stagnation des eaux, la fonte des neiges, ou par des réservoirs souterrains d'eaux comprimées.

A cet effet, elle m'a demandé de rédiger un programme pour le concours qu'elle se proposait d'ouvrir, en me témoignant le désir que ce programme fît connaître les différentes méthodes employées pour le desséchement de ces terres.

Jaloux de répondre à la confiance de la Société et de remplir la tâche qu'elle m'imposait, je n'ai pu me dissimuler les difficultés que présentait ce travail. Je ne pouvais, ni ne devais faire un traité sur les desséchemens ; je ne pouvais, ni ne devais m'occuper des marais; je ne devais exaimner la question que sous le rapport des terres cultivables seulement. Je me suis livré aux recherches que nécessitait un travail de ce genre. La question s'est peu à peu agrandie, et cependant je ne devais pas perdre de vue qu'il ne s'agissait que d'un simple programme, mais d'un programme dans lequel il fallait tout rappeler ; il fallait donc être bref et concis. Ainsi, j'ai dû me borner, et je me suis borné en effet, à ne présenter qu'un aperçu succinct des moyens employés dans chaque pays pour parvenir au but que se proposait la Société. C'est ce travail que j'ai l'honneur de lui présenter, j'ose espérer qu'elle l'approuvera ; toute mon ambition se borne à obtenir son assentiment.

Quant au desséchement des marais, tels que les grands marais de la Hollande, de la Zélande, de la Flandre, etc., il existe de nombreux ouvrages sur les opérations et les travaux qu'ils nécessitent ; je m'abstiendrai donc d'en parler. D'ailleurs, je le répète, telle n'était point la question que j'avais à traiter et celle que s'est proposée la Société royale et centrale d'agriculture en ouvrant le concours.

---

# DU
# DESSÉCHEMENT
# DES
# TERRAINS INONDÉS (1).

Nous sommes tout bonnement des laboureurs qui, ayant vu cultiver en Flandre, en Hollande, en Angleterre, aux États-Unis, et qui, ayant profité de ce que nous avons vu et de ce que nous avons appris, serions jaloux de faire participer notre pays aux avantages que les nouvelles méthodes procurent à ceux qui les ont adoptées.

(*Améliorations de l'agriculture; Tableaux de la vie rurale.* Paris, BOSSANGE, 1829.)

## PRINCIPES GÉNÉRAUX.

### § 1er.

L'humidité de la terre est utile, elle est nécessaire à la végétation ; mais sa surabondance

(1) Il ne s'agit point ici du desséchement des marais, mais seulement des terres cultivées ou cultivables sujettes à être annuellement inondées par la stagnation des eaux pluviales ou des fontes de neige.

est nuisible et pernicieuse à la plupart des plantes, et particulièrement à toute bonne culture (1).

§ 2.

La stagnation des eaux ou leur surabondance dans un champ cultivé fait pourrir les racines des plus précieux végétaux.

§ 3.

Lorsque l'eau séjourne en hiver dans un champ, la terre y devient stérile le reste de l'année ; souvent on ne peut la labourer en temps convenable ou lorsqu'il le faudrait, et dans les années pluvieuses, une terre ainsi rétardée ne peut plus rien rapporter.

§ 4.

Dans les prairies, la stagnation des eaux fait périr les meilleures plantes , les mauvaises ou les moins précieuses y résistent; elles s'y multiplient; elles altèrent, elles détériorent peu à peu toute l'étendue de la prairie.

§ 5.

Le desséchement des champs et des prairies est donc également nécessaire.

---

(1) R. Forsyth. *Principes et pratique de l'agriculture.*

§ 6.

Lorsqu'un desséchement a lieu sur de grands espaces de pays, l'air en devient plus sain en été et moins froid en hiver; l'époque des récoltes est plus hâtive et leur succès plus grand et plus assuré (1).

Ces principes posés, je passe à leur application.

§ 7.

Les terrains sont inondés, 1°. par la stagnation des eaux pluviales et de celles des fontes de neiges; 2°. par des eaux provenant de réservoirs souterrains, dans lesquels elles s'accumulent et d'où elles s'élèvent à la surface par l'effet de leur propre pression, et 3°. parce que les terrains inondés sont plus bas que tout le pays environnant.

§ 8.

J'examinerai successivement les moyens employés pour parvenir au desséchement de ces trois espèces de terrains inondés, et, dans une dernière Section, je parlerai des puits perdus ou puisards naturels, de leurs effets en agriculture, et, par suite, du desséchement au moyen de puisards artificiels, de coulisses ou rigoles souterraines et de sondages.

---

(1) *Cours d'agriculture anglaise,* par *Ch. Pictet.*

# PREMIÈRE SECTION.

## DESSÉCHEMENT DES TERRAINS INONDÉS PAR LA STAGNATION DES EAUX PLUVIALES OU CELLES DES FONTES DE NEIGE.

Un bon cultivateur sait qu'il n'a rien à attendre d'une terre communément submergée une partie de l'année. Il doit donc être sans cesse en garde contre l'effet des eaux pluviales sur ses terres, semblable à ce bon praticien dont on ne saurait trop rappeler et imiter l'exemple, qui, pour bien juger l'effet des eaux et les travaux qu'exigeait leur écoulement, se mettait régulièrement en marche aussitôt qu'une grande pluie commençait à tomber, revêtu d'un chapeau et d'un manteau imperméables, et, la bêche à la main, parcourait tous ses champs, en indiquant et traçant lui-même les fossés ou les rigoles à ouvrir pour faire écouler les eaux et les distribuer sur ses terres légères, où elles devaient déposer les limons qu'elles entraînaient de ses terres fortes.

### § 9. *Desséchement et culture par fossés ouverts et par fossés couverts ou fermés.*

Le desséchement des terres cultivables sujettes à être inondées par la stagnation des eaux pluviales ou par celles des fontes de neige, s'opère de deux manières, ou par des rigoles, espèces de fossés ouverts, ou par des fossés fermés ou couverts, communément appelés *coulisses* ou rigoles souterraines.

### § 10. *Le billonnage est une culture par rigoles ou fossés ouverts.*

Avant d'examiner ces deux moyens, je dois dire un mot du billonnage ou de la culture par billons, généralement en usage dans tous les pays argileux ou de terres fortes et humides, et qui est un véritable desséchement par rigoles ou fossés ouverts, puisque le billonnage est déterminé par l'abondance des eaux dans tout terrain plat sur fond de glaise, ou par le peu de profondeur de la terre sur un terrain de roche calcaire, schisteuse ou granitique.

### § 11. *Application du billonnage.*

Les terres argileuses ne peuvent en effet être complétement desséchées et bien cultivées, lorsqu'elles sont fortes, tenaces et compactes, qu'en donnant à la surface une pente factice, c'est à dire en formant des planches relevées ou billons, composés d'un certain nombre de sillons ou ados, de chaque côté desquels se fait l'écoulement des eaux dans les rigoles qui séparent les sillons.

### § 12. *Ancienneté du billonnage.*

Ce genre de culture est très ancien. On ignore à quelle époque il a été mis en usage et à qui il est dû; il est pratiqué généralement du midi au nord, dans toutes les parties de l'Europe. On le trouve en Italie, en Espagne, en France, en Allemagne, en Angleterre, etc. Il a été porté en Amérique par les Européens; il y a été modifié et perfectionné; il y a été appliqué avec le plus grand succès à différens genres de culture; enfin, partout, il a pour lui la théorie et l'expérience.

### § 13. *Ses avantages.*

Les avantages de ce mode de culture sont tels, qu'il suffit d'avoir tant soit peu examiné la nature du sol où il est pratiqué, pour reconnaître que la plupart des pays où il est en usage ne pourraient pas récolter de blé, si on ne le suivait pas, parce que les eaux de la surface feraient périr les racines des céréales en hiver, et que les premières chaleurs de l'été les dessécheraient promptement dans les terres peu profondes.

### § 14. *Il est pratiqué en France dans un grand nombre de départemens.*

En France, la culture en billons est suivie dans la majeure partie des départemens dont les terres sont argileuses, et lorsqu'elle est bien pratiquée elle est très avantageuse, et même si avantageuse, que des terres argileuses froides et humides produisent, dans certaines années, autant que les terres les plus fertiles. Les plaines de la Brie, de la Picardie, de la Champagne, de la Bourgogne, de la Normandie, du Limousin, des landes de Bordeaux, enfin de plus des deux tiers de la France, offrent des exemples de pays argileux ainsi cultivés avec le plus grand succès.

### § 15. *Précautions à prendre.*

Les précautions à prendre pour faire un bon billonnage sont : 1°. de disposer le terrain en planches de sept à huit mètres de largeur, de manière que le centre de chaque planche soit de $0^{m},60$ à $0^{m},70$ ou $0^{m},80$ environ, plus élevé que le fond des rigoles qui les séparent. Cette hauteur du billon est en général déterminée par la compacité de la terre ou, ce qui revient au même, proportionnée à l'abondance des eaux que présente le terrain et que doivent recevoir les rigoles d'écoulement, et 2°. d'empêcher que ces rigoles soient obstruées ou comblées par les terres entraînées de dessus les ados.

§ 16. *Inconvéniens du billonnage.*

Malgré les avantages qu'il présente, le billonnage est encore repoussé par un grand nombre d'agronomes et de cultivateurs, parce qu'il n'est pas sans inconvéniens, qu'il demande des soins particuliers et une certaine connaissance de la nature des terres.

En effet, si les sillons ou ados étaient trop élevés dans le centre de la planche ou du billon, les grandes pluies entraîneraient les terres du sommet des planches dans les rigoles qui les séparent, de manière à les remplir en totalité ou en partie, en appauvrissant d'autant le sommet du billon.

Un des plus grands inconvéniens du billonnage est la difficulté de croiser les labours au travers des billons élevés, croisement toujours indispensable et qui doit être exécuté dans les premiers labours, sauf à rétablir les billons dans le dernier.

Enfin le grand reproche que font à cette méthode la plupart des cultivateurs est la perte de terrain qui en résulte, perte d'autant plus grande que les billons sont plus étroits, plus élevés et plus espacés les uns des autres.

Ces inconvéniens ont amené, dans le billonnage, de nombreuses modifications, déterminées par la nature du fond ou par telles ou telles circonstances locales.

§ 7. *Du billonnage en Angleterre.*

L'Angleterre, par exemple, est un des pays où le billonnage a été le plus étudié et peut-être le plus perfectionné. *Arthur Young*, *John Middleton*, *Vancouvre*, *Henry Flechter*, *Arbuthnot*, *Ducket*, *Paterson*, *Anderson*, *etc.*, ont fait de grands travaux sur cette méthode. On sait, dit notre célèbre *Bosc*, avec quel enthousiasme les écrivains anglais ont préconisé la culture par *rangées*, qui n'est au fond que notre culture par *billons*.

§ 18.

*John Middleton* est un de ceux qui s'en sont le plus occupés, et qui ont le plus contribué à son perfectionnement.

*Ducket*, d'Esher-Place, le célèbre *Ducket*, surnommé *le prince des fermiers*, et auquel le marquis *de Rockingham* décerna une grande coupe d'argent du plus précieux travail, avec cette inscription :

A WILLIAM DUCKET,

*Fermier, qui, par son génie, ses observations judicieuses, ses recherches infatigables, sut rendre utiles et praticables les principes de* Tull *et perfectionna ainsi la culture des terres légères,*

CHARLES, *marquis de* ROCKINGHAM,

*Présente cette coupe en témoignage de son respect pour son mérite public...*

*Bonus civis, bonus agricola.....* 1774.

*Ducket,* après avoir appris à la Grande-Bretagne la manière de cultiver les terres légères, s'appliqua au perfectionnement de la culture des terres fortes et argileuses, et fit de nombreux essais pour leur desséchement et leur culture par rangées ou billons.

§ 19. *Méthode de* PATERSON.

*Paterson* a introduit dans le district de Gowrin en Portshire une méthode qui a obtenu le plus grand succès, et qui depuis a été adoptée par un grand nombre d'agronomes.

Cette méthode consiste à ouvrir de grands fossés d'écoulement, communs entre tous les propriétaires des pièces de terre voisines; chacune de celles-ci est entourée et recoupée de fossés parallèles, dont la pente conduit les eaux dans les grands fossés communaux, lesquels les déversent dans la rivière de la Tys. Chaque corps de ferme est lui-même bordé de fossés communiquant avec ceux des pièces de terre qui en dépendent. Ces fossés ont de $0^{m}60$ à $1^{m}20$ de largeur dans le haut, et de $0^{m}30$ à $0^{m}50$ dans le fond. Au moyen de leurs talus, ils se soutiennent sans s'ébouler.

### § 20. *Précautions à prendre.*

Si le terrain à dessécher est plat ou à peu près de niveau, les grands fossés communaux suffisent à l'écoulement des eaux, pourvu que, vers leur extrémité, la pente soit suffisamment ménagée; mais comme il est très rare qu'une plaine soit parfaitement de niveau, après les semailles, on ouvre, dans les parties basses, des rigoles, en les dirigeant de manière à ce qu'elles réunissent toutes les eaux et les versent dans les grands fossés d'écoulement. Ces rigoles se font avec la charrue-taupe, qui est aujourd'hui employée avec le plus grand succès pour les desséchemens. Si les rigoles exigent une plus grande profondeur, on les creuse ensuite au point convenable avec la bêche ou le louchet

Leur profondeur est déterminée par celle des endroits les plus bas à dessécher. Quant à leur largeur, elle est au fond, le tiers de ce qu'elles ont dans leur partie supérieure. Lorsqu'il y a beaucoup de pente, on la modère en coupant les fossés obliquement à l'inclinaison des terrains, afin que les eaux ne rongent pas les talus et ne forment pas de chutes. Enfin les fossés d'écoulement sont purgés et nettoyés au moins une fois l'année, suivant leur état d'engorgement ou d'encombrement.

### § 21. *Supériorité et inconvéniens de ce procédé.*

Le procédé introduit par *Paterson* dans le Portshire, et depuis dans plusieurs autres contrées de l'Angleterre, est bien certainement supérieur à celui de notre billonnage ordinaire; mais il n'est pas toujours d'une facile exécution, et il ne convient qu'à une grande culture, puisque, pour parvenir à le pratiquer, il faut l'assentiment de tous les propriétaires et cultivateurs voisins, difficulté trop souvent insurmontable, et qu'en outre il exige un entretien annuel plus ou moins dispendieux, presque toujours négligé par les fermiers, malgré toutes les clauses et les conditions insérées à cet égard dans leurs baux.

§ 22. *Du billonnage pour la culture des primeurs.*

Enfin, et pour terminer tout ce qui est relatif à la culture des terres par le billonnage, j'ajouterai que lorsqu'on est maître des pentes et des localités, on doit de préférence diriger les billons de l'est à l'ouest, s'il s'agit de la culture des primeurs, afin d'obtenir des ados au midi, pour que les rayons du soleil y tombant perpendiculairement, les échauffent au point de faire avancer la végétation. *Bosc*, ce judicieux et infatigable observateur, qui avait vu et comparé la culture de tant de pays, dit que cette méthode, qui convient essentiellement aux portes des grandes villes, pour la fourniture des primeurs et des légumes, est généralement suivie dans la Caroline, et qu'il y a remarqué que les billons du midi y donnent les premières pommes de terre et les premières patates.

§ 23. *Du billonnage aux environs de Paris.*

On trouve cette même culture dans les environs de Paris; elle y est pratiquée depuis longtemps, et c'est en effet à elle que l'on doit cette immense quantité de primeurs et de produc-

2.

tions hâtives de toute espèce qui approvisionnent ses marchés.

## § 24. *Desséchement ou culture par rigoles ou fossés recouverts.*

Le desséchement des terres cultivables par fossés ouverts ayant le grand inconvénient d'interrompre la libre circulation des voitures ou de la charrue, et d'exiger la construction d'un grand nombre de ponts, on a cherché à y remédier par le desséchement au moyen des rigoles souterraines ou fossés couverts.

## § 25. *Description.*

Les rigoles souterraines, communément désignées sous le nom de *coulisses*, sont des fossés garnis de pierres ou d'autres matières qui ont assez de solidité ou de durée pour maintenir les vides par lesquels l'eau doit s'écouler. On recouvre le tout de mousse, de gazon et de terre, de manière que la charrue ou la voiture passent par dessus les coulisses sans jamais être arrêtées, comme elles le sont par les fossés ouverts.

§ 26. *Ancienneté de ce mode de desséchement.*

L'usage de ces petits aquéducs pour le desséchement des terres remonte à l'antiquité la plus reculée. Les Perses recueillent encore aujourd'hui les fruits et les avantages d'un grand nombre de ces canaux, construits, à une époque inconnue, dans des terrains humides et inondés, dont les eaux servent à arroser et enrichir d'autres terrains qui étaient trop secs (1).

§ 27. *Ses différens modes chez les anciens.*

*Caton, Palladius, Columelle, Pline*, etc., etc., parlent de ces aquéducs souterrains employés de leur temps pour le desséchement des terres cultivables inondées et dont la culture était gênée par la stagnation des eaux. Après avoir ouvert les fossés, on les remplissait en pierres sèches, ou en branches tressées grossièrement, puis on les couvrait en pierres plates ou en gazon. Les coulisses des anciens avaient de $0^m,90$ à $1^m,00$ et $1,^m20$ de profondeur. Aujourd'hui, on ne leur donne plus que $0^m,60$ à $0^m70$; mais les

(1) Chardin, *Voyage en Perse*; Savary, *Voyage en Égypte*.

grandes coulisses qui doivent recevoir les eaux des coulisses transversales sont plus larges et plus profondes.

§ 28. *Des coulisses chez les modernes.*

Aujourd'hui, les coulisses se font, comme chez les anciens, en pierres, et, à défaut de pierres, en fascines ou en branchages, et dans beaucoup de pays tout simplement en gazon.

§ 29. *Des coulisses en fascines.*

Pour faire les coulisses en fascines, on place, de distance en distance, dans le fond du fossé deux pieux croisés en chevalet ou croix de Saint-André, destinés à porter les fascines, au dessus desquelles on met de la paille, de la mousse ou des feuilles, que l'on recouvre ensuite de terre, afin de mener la culture d'un seul ensemble, et que la charrue puisse passer dans tous les sens. Suivant les localités, on emploie indistinctement les fascines de chêne, d'épines noires, de saule, d'orme, d'aune, de peupliers, etc., etc.

§ 30. *Coulisses ouvertes avec la charrue-taupe.*

Dans le Lancashire et dans le Buckinghamshire, on dessèche les prairies par des coulisses étroites, pratiquées avec un fort louchet; mais dans beaucoup d'endroits, on se sert avec plus de succès de la charrue-taupe.

§ 31. *Durée des coulisses ou rigoles couvertes.*

Les coulisses en pierre durent plusieurs siècles. Ainsi, celles qui ont été faites par les anciens en Grèce, en Asie, en Perse, en Syrie, etc., sont encore bien conservées et remplissent parfaitement leurs fonctions sans que jamais on soit obligé d'y travailler.

§ 32.

Les coulisses garnies en fascines et en paille ou en mousse durent trente à quarante ans et au delà, suivant l'essence du bois, des fascines et la grosseur des branches.

§ 33.

Enfin celles qui sont faites en gazon durent dix, douze, quinze ans et quelquefois plus.

# DEUXIÈME SECTION.

## DESSÉCHEMENT DES TERRAINS INONDÉS PAR DES SOURCES PROVENANT DE RÉSERVOIRS SOUTERRAINS D'EAUX COMPRIMÉES.

Dans quel lieu du globe la nature n'a-t-elle pas des eaux à sa disposition ?..... Partout nos fouilles nous les font découvrir..... Ajoutez à ces immenses lacs invisibles ces mers souterraines, ces fleuves qui coulent dans une éternelle nuit..... Long-temps captives, leurs eaux tendent à se mettre en liberté, et aussitôt qu'elles parviennent à ouvrir la terre ou à soulever les rochers, elles forment des courans qui s'élèvent à la surface ou des lacs qui la submergent.

SENÈQUE, *Questions naturelles.*

### § 34. *Effet de la glaise ou argile dans la constitution des terres froides.*

Sans chercher à développer ici la théorie des sources, je crois ne pouvoir me dispenser de présenter quelques considérations sur l'effet des glaises ou argiles dans la constitution des terres désignées sous le nom de terres froides, fortes, humides, et sujettes à être inondées par des sources provenant de réservoirs souterrains d'eaux comprimées.

### § 35. *Terres inondées par le surgissement des eaux souterraines.*

La propriété essentielle des glaises ou argiles, et par conséquent des terrains argileux est de fournir des réservoirs aux sources et aux fontaines. Les grandes formations argileuses ou les dépôts d'argile présentent des séries de couches plus ou moins épaisses, séparées assez généralement par des lits de sable ou de gravier, qui contiennent toujours des nappes d'eau plus ou moins abondantes. Rarement ces couches sont parfaitement horizontales; elles sont communément inclinées sous divers angles et dans différentes directions. Quelquefois elles se montrent à la surface de la terre et vont plonger à une grande profondeur, pour se relever et se remontrer également plus loin à la surface du sol. Souvent ces couches sont brisées, rompues et coupées par des fentes ou des retraites remplies de sable ou de gravier. De telles variations dans la manière d'être des dépôts de glaise en déterminent dans la compacité des terres argileuses, dans leur perméabilité, et, par suite, dans le gisement des nappes d'eau plus ou moins nombreuses et plus ou moins abondantes entre chaque couche perméable et imperméable. Si les terrains argileux, de quelque espèce d'ailleurs qu'ils soient, s'enfoncent également dans tous les sens, de manière à revêtir de toutes parts le fond d'un bassin souterrain d'une couche de glaise imperméable , les eaux, après s'y être amassées, ne trouveront aucune issue : elles exerceront alors, à raison de cette sorte de compression qu'elles éprouvent au dessous du niveau qu'elles devraient reprendre si elles étaient abandonnées à leur propre direction et à leur impulsion; elles exerceront, dis-je, une sorte de réaction ou de pression contre les couches supérieures, et comme elles continueront toujours d'affluer dans le bassin, elles finiront par se faire jour dans la ligne de moindre résistance, en perçant ces couches pour surgir à la surface du sol, qu'elles maintiendront constamment humide ou même marécageux, si celui-ci présente une dépression sans pente et sans écoulement. Et telle est, en effet, très souvent et beaucoup trop souvent l'action des eaux comprimées des réservoirs souterrains sur nos grandes plaines de terres argileuses.

§ 36. *Gonflement ou boursoufflement périodique des terres argileuses et sableuses.*

C'est à l'action réciproque de l'eau sur les

argiles et de celles-ci sur l'eau, que doivent être rapportés ces terrains sujets à un gonflement périodique, phénomène curieux, très simple en lui-même, et cependant long-temps regardé comme extraordinaire ou surnaturel, et que *Wallerius* a cherché à expliquer sous la dénomination d'argiles fermentantes, mais qui ne sont que des glaises mélangées de sable ou de graviers plus ou moins fins. En s'imbibant d'eau, ces glaises se gonflent, au point de soulever des pierres, des quartiers de rocher, des champs entiers et même des maisons; tandis que, lorsque ces glaises viennent à se dessécher, tous ces objets redescendent à leur premier niveau. Les ravages que font éprouver ces périodicités de gonflemens sont très redoutés en Russie (1).

### § 37. *Glissemens des terrains argileux.*

Enfin, lorsque ces glaises se trouvent sur des plans inclinés, elles déterminent souvent, si elles sont trop gonflées par l'abondance des eaux, des glissemens de terrain, et même de grands éboulemens, avec les arbres, les récoltes, et même les maisons qui sont au dessus. C'est ainsi qu'il y a quelques années, à Solutré, dans

---

(1) *Géographie de Russie*, t. III, p. 201.

le département de Saone-et-Loire, après de grandes pluies, les couches argileuses du sommet de la montagne de Solutré, glissant sur les bancs de pierre inférieurs qui étaient inclinés, avaient déjà cheminé plusieurs centaines de mètres, menaçant d'engloutir le village, lorsque les pluies cessèrent, et par suite la marche de ce terrain mouvant (1).

§ 38.

C'est encore ainsi qu'une partie du mont Goïena, dans l'Etat de Venise, se détacha pendant la nuit et glissa avec plusieurs habitations, qui furent entraînées doucement jusque dans une vallée inférieure. Le matin, les habitans, qui n'avaient rien senti, furent fort étonnés de se trouver dans une vallée au lieu d'être sur leur montagne. Ils crurent qu'un pouvoir surnaturel les avait ainsi transportés, et ce n'est qu'en examinant leur nouvelle situation qu'ils aperçurent les traces de la révolution qui les avait si merveilleusement épargnés.

---

(1) Delamétherie, *Théorie de la Terre*, tome IV, § 1420.

§ 39.

Je pourrais multiplier les exemples de ces glissemens si fréquens dans les Alpes, et dont on trouve un grand nombre de descriptions dans les Voyages des montagnes (1); mais sans aller si loin, les environs de la ville de Meaux en ont bien offert plusieurs exemples assez remarquables depuis l'ouverture du canal de l'Ourcq.

§ 40. *Moyen de perdre par la sonde les eaux des terrains inondés.*

Il existe en France d'immenses terrains incultes inondés et submergés par des sources de réservoirs d'eau comprimée, et qu'il serait facile de rendre à la culture, au moyen du percement des glaises qui empêchent l'infiltration des eaux dans les terrains inférieurs. Ce percement péut se faire et se fait à peu de frais, à l'aide de cette même sonde dont le fontenier se sert pour faire jaillir les eaux à la surface; enfin il se fait promptement et toujours avec certitude d'un plein succès (2).

---

(1) Bertrand, *Nouveaux principes de Géologie*, 198. Saussure, *Voyages dans les Alpes*, § 493.

(2) Dans l'agriculture, on va chercher avec la sonde,

§ 41.

Cette manière de dessécher les terrains inondés est depuis long-temps connue et pratiquée en Allemagne et en Angleterre, elle est également en usage en Italie, et c'est peut-être de ce pays qu'elle s'est propagée dans les autres.

§ 42.

Dans son Rapport au Bureau d'agriculture du Parlement d'Angleterre, M. *Johnston* en a attribué la découverte à M. *Joseph Elkington*, du comté de Warwick; mais, long-temps avant lui, les Allemands avaient appliqué la sonde au desséchement des terres inondées : d'ailleurs, *James*

---

sous un sol infertile, la marne qui doit donner de la vigueur à ce sol et lui faire produire des récoltes abondantes : comme lorsque les terrains sont humides et marécageux par l'effet du séjour des eaux qui ne peuvent s'y infiltrer, à cause d'un banc impénétrable d'argile compacte ou de bancs de pierre continus, sans aucune fente, fissure ou lézarde, on facilite, au moyen de quelques coups de sonde percés dans ces bancs, l'écoulement des eaux de la surface, et on rend ainsi à la culture des terrains qui étaient perdus pour elle. *Considérations géologiques et physiques sur les puits forés, et Recherches sur la sonde et l'art du fontenier-sondeur.* Paris 1829. *Bachelier.*

*Anderson*, d'Aberdeen, avait publié, dès 1775, sur cette matière un ouvrage élémentaire sous le titre de : *Vrais principes sur lesquels repose la théorie du desséchement des terrains que des sources rendent marécageux* : un heureux hasard, dit-il, lui ayant fait dessécher un marais, par le creusement d'un puits dans une couche de glaise compacte, dont le percement fit jaillir avec impétuosité des eaux abondantes, et obtenir par suite le desséchement de ce marais, qu'il ne s'était point proposé.

§ 43. *Procédé d'*Elkington.

Pour opérer le desséchement des terrains inondés par des sources provenant de réservoirs d'eaux comprimées, suivant le procédé d'*Elkington*, on ouvre, dans la partie la plus basse, des fossés de largeur suffisante pour recevoir toutes les eaux, et l'on perce, de distance en distance, dans le fond de ces fossés des coups de sonde, pour donner un libre essor aux eaux comprimées et les faire écouler.

§ 44.

S'il s'agit d'une surface d'une grande étendue, il faut ouvrir un ou plusieurs grands fossés d'écoulement dans toute la longueur du terrain à dessécher, et l'on y fait aboutir, comme autant de branches ou de ramifications, tous les fossés transversaux, dans lesquels sont percés les trous de sonde, que l'on multiplie suivant que le besoin l'exige.

§ 45.

Si les bancs de pierre sous la terre végétale étaient inclinés, il faudrait que les coups de sonde fussent faits dans une direction perpendiculaire au plan de ces bancs de pierre, et tant qu'il ne sortira pas d'eau par les trous de sonde, ils devront être approfondis.

§ 46.

L'effet de ces coups de sonde et des fossés d'écoulement est de rendre solides en très peu de temps les terrains inondés et même les terrains tourbeux les plus humides.

§ 47.

En desséchant, par ce procédé, des marais en plaine, M. *Elkington* est parvenu à se procurer une grande masse d'eau, qu'il élevait au dessus de son niveau précédent, au moyen d'une tour creuse, garnie de glaise, bâtie autour de l'endroit perforé. L'eau parvenue au sommet de la tour était ensuite conduite là où elle pouvait être nécessaire pour le service des usines ou des irrigations.

§ 48. *Procédé du docteur* ANDERSON.

Le docteur *Anderson*, qui a acquis en Angleterre une réputation justement méritée par le succès de ses opérations de desséchement, préfère le percement des puits aux forages à la sonde. Quoique plus difficiles et plus dispendieux, les puits percés dans le voisinage des terrains inondés ou des marais produisent en effet un résultat prompt et infaillible; mais ce moyen présente plus de difficultés; il est plus dispendieux, je le répète, et souvent l'abondance des eaux ou les glaises coulantes rendent les percemens de puits très difficiles.

§ 49. *Méthode de M.* WEDGE, *de Bickenhill.*

La méthode que M. *Wedge*, de Bickenhill, a mise en pratique dans le comté de Warwick et dans celui d'Aylesford, pour le desséchement des terrains inondés, est une modification de celle de M. *Joseph Elkington.* Au lieu de fossés ouverts, il fait des coulisses ou rigoles souterraines, et avant de les fermer, il donne dans leur fond autant de coups de sonde qu'il est nécessaire pour parvenir à l'entier épuisement des réservoirs souterrains. Par ce procédé, M. *Wedge* a fait de très grands et de très beaux desséchemens, qui ont donné une haute valeur à des terres qui jusqu'alors n'en avaient aucune.

### § 50. *Desséchemens en France.*

En France, plusieurs desséchemens de ce genre pourraient être mis en parallèle avec ceux de l'Angleterre et de l'Allemagne, il est même peu de départemens qui ne nous en offrent quelques exemples plus ou moins remarquables, et qui tous ont produit les résultats les plus avantageux. En Provence, en Dauphiné, en Languedoc, et en général dans tout le Midi on trouve de ces desséchemens faits par rigoles souterraines à une époque inconnue. Les habitans les attribuent, les uns aux Romains, les autres aux Sarrasins. Ces rigoles ont généralement été faites avec soin, et dans quelques localités on voit que les anciens avaient un double système de desséchement et d'arrosement, puisque souvent les eaux de ces rigoles, après avoir été recueillies dans des bassins, servent ensuite à l'irrigation des terrains inférieurs.

### § 51. *Desséchemens de l'établissement agricole d'Hofwil.*

Enfin, c'est par de semblables opérations, suivant le rapport fait en 1808 par notre vénérable collègue, M. *Tessier,* au Ministre de l'intérieur, qui l'avait envoyé visiter l'établissement d'Hofwil; c'est, dis-je, par de semblables opérations que le célèbre *de Fellenberg*, que l'on ne saurait trop citer quand il s'agit d'un bon procédé ou d'une bonne méthode à indiquer, a commencé ses perfectionnemens et son excellent système de culture, qui a fait la réputation du bel établissement agricole d'Hofwil (1).

### § 52. *Travaux des membres de la Société royale d'agriculture sur cette question.*

Plusieurs membres de la Société royale et centrale d'agriculture ont travaillé sur cette importante question. Ainsi *Varennes de Fenille*, auquel l'agriculture doit tant d'améliorations,

(1) M. *de Fellenberg* avait à lutter contre les eaux, qui nuisaient à sa culture. Pour y remédier, il creusa une grande galerie à l'effet de rassembler toutes les eaux pour les faire servir à l'irrigation des prés. La longueur de cette galerie est de plus de trois cents mètres. Sans cette galerie, M. *de Fellenberg* n'aurait pu exploiter sa propriété avec le succès qui lui a acquis une si haute réputatation. En été, elle était noyée presque entièrement par les fontes de neige des montagnes de Gromval. Cette propriété, située à deux lieues et demie de Berne, est sur un monticule environné d'autres monticules qui sont au pied de hautes montagnes couvertes de neiges et de glaciers toute l'année. ( *Note de M.* Tessier.)

a fait de très grands travaux en ce genre. *Cret-tet de Palluel*, après avoir remporté en 1789 le prix proposé par la Société d'agriculture de Laon, sur le desséchement des marais du Laonnois, examina l'utilité qu'on peut tirer des marais desséchés et la manière de les cultiver. *Chassiron*, qui s'était spécialement occupé de la législation des cours d'eau et des irrigations, se livra à l'étude des moyens d'opérer les desséchemens par des procédés simples et peu dispendieux, tels que ceux qui furent employés par les Hollandais, dans le seizième siècle, pour le desséchement des marais des anciennes provinces d'Aunis, Poitou, Saintonge, etc. *De Perthuis,* qui embrassait tout ce qui était bon, tout ce qui était avantageux, pour l'appliquer au perfectionnement de l'industrie et de l'agriculture, *de Perthuis* avait cherché à faire connaître et a répandu en France l'usage des *kerises* de la Perse, espèce de puits perdus ou puisards, communiquant avec des galeries ou rigoles souterraines, ouvertes dans le double motif du desséchement des hautes plaines argileuses et de l'irrigation des terres qui manquaient d'eau. C'est par ces *kerises*, dont quelques uns ont, dit-on, plus de 50 mètres de profondeur, que ces peuples avaient porté leur culture au plus haut point de prospérité.

# TROISIÈME SECTION.

## DESSÉCHEMENT DES PLAINES HUMIDES, SANS PENTE, SANS ÉCOULEMENT, ET DES MARAIS PLUS BAS QUE TOUT LE PAYS ENVIRONNANT.

Nous ferons de la France, disait le maréchal Vauban, le plus beau et le meilleur pays du monde, non pas en y élevant des citadelles et des remparts, mais en y joignant l'arrosement des terres au desséchement des marais.

§ 53.

Il est facile de concevoir que des plaines sans pente et sans écoulement soient constamment humides, que, dans les années pluvieuses, elles soient imbibées profondément et que les eaux, ne pouvant s'épancher d'aucun côté, restent stagnantes sur leur surface.

§ 54.

Mais à quelle cause rapporter, ou comment expliquer les inondations partielles que présentent ces grandes dépressions que l'on remarque souvent au milieu des plus vastes plaines et qui y forment des marais plus ou moins étendus, qu'il est souvent difficile de dessécher, ces dépressions étant plus basses que tout le pays environnant ?

§ 55.

Sont-elles dues à des affaissemens de grandes cavités souterraines? Sont-elles dues à d'anciens lacs desséchés imparfaitement, ce qui d'ailleurs suppose encore une première dépression? Je n'approfondirai point ici la question, et quelque importante qu'elle puisse être, je me bornerai à établir que, quelle qu'en soit la cause, il existe dans beaucoup de pays, au milieu des grandes plaines, de vastes espaces noyés et inondés une partie de l'année, leur fond argileux y retenant les eaux, qui y forment même quelquefois des marais assez étendus.

§ 56.

Souvent la couche limoneuse y recouvre des tourbes plus ou moins épaisses, constamment noyées et imbibées d'eau, qui éprouvent, dans les années pluvieuses, un mouvement intérieur semblable à celui des argiles fermentantes de *Wallerius*. C'est à ce mouvement intérieur, dû à l'action toujours croissante des eaux qui s'amassent dans ces tourbes, que sont dues ces épouvantables éruptions boueuses qui ont lieu dans certains marais, telles, par exemple, que le débordement subit de vase noire et tourbeuse qui couvrit tout à coup, il y a quelques années, plusieurs centaines d'acres de terre, à Solway, dans le Northumberland.

§ 57.

Quelquefois ces marais renferment des forêts entières qui ont été englouties dans d'anciens lacs, peu à peu recouverts par des tourbes et des couches limoneuses, aujourd'hui cultivées et sur lesquelles circulent les voitures. Tel est le lac souterrain de l'Ost-Frise, qui était à découvert dans le douzième siècle, sur lequel s'est successivement formée une couche limoneuse, présentement en pleine culture et sous laquelle on retrouve à peu de profondeur cet ancien lac, dans lequel les habitans font rouir leurs lins; tel est encore cet exemple plus curieux que présente en Suède l'ancien lac d'Asarp dans la Westrogothie qui, sous un limon épais d'excellente qualité et bien cultivé, recèle une forêt tout entière que les habitans exploitent depuis longtemps, et, ce qui est plus extraordinaire, c'est que, chaque année, ils extraient des mêmes fouilles dont ils ont déjà enlevé les arbres, d'autres arbres que le dégel a soulevés du fond de ce lac souterrain.

§ 58.

Dans l'île de Man, sur les côtes du Lincoln, en Irlande, sous des terres cultivées, souvent inondées par des eaux souterraines, on trouve, à 20 pieds de profondeur, une forêt de sapins encore debout sur leurs racines dans un terrain qui dut être également un lac souterrain.

§ 59.

Mais sans aller si loin, aux environs de Paris, la grande plaine qui s'étend dans le bassin de la Seine, de la Gare du Jardin des plantes jusqu'à Choisy, recèle sous ses alluvions une grande forêt souterraine dont les habitans de Vitry ont extrait des arbres qu'ils ont employés dans leurs constructions. On y reconnaît parfaitement l'essence des bois, le hêtre, le bouleau, le saule, le noisetier, le chêne, etc. Ces arbres sont couchés les uns sur les autres avec leurs branches et leurs racines. Ils étaient en feuilles lorsqu'ils furent engloutis. Ces feuilles, au milieu desquelles on trouve des glands avec leur capsule, forment une couche de tourbe d'une assez forte épaisseur, et qui, lorsqu'elle est séchée, acquiert une grande consistance. Enfin, j'y ai trouvé des fragmens de bois de cerf, et divers ossemens avec des coquilles lacustres; mais, Messieurs, vous pourrez me dire que déjà vous connaissez cette forêt souterraine, puisqu'en 1799, sur le rapport de notre collègue, M. *Silvestre*, vous avez décerné une médaille à M. *Michaut*, de Vitry, qui, sans autre ressource que ses bras et son courage, en avait extrait, à lui seul, toute la charpente d'une maison en pisé qu'il venait de construire dans ce village (1).

§ 60.

Entre Saint-Denis et Chatou, on retrouve également dans le bassin de la Seine, sous les limons et les alluvions de cette rivière, les restes d'une autre forêt dont l'enfouissement est probablement dû au même cataclisme.

§ 61.

Dans des desséchemens récemment faits en Angleterre et en Écosse, on a reconnu des forêts souterraines, mais dont les arbres avaient été abat-

(1) *Mémoires de la Société d'agriculture*, tom. I et IV; *Journal des Mines*, tom. II, n°. XI, page 85.

tus à la hache par les anciens habitans de cette île, élevant alors ces derniers remparts pour soutenir et défendre leur indépendance contre les Romains. Au milieu de ces arbres, sur lesquels on voit distinctement les coups de la hache, on a trouvé des ossemens, des armures et des débris d'ustensiles. Ici, ce n'est pas une révolution de la nature qui a renversé ces forêts; mais une fois renversées, elles ont formé des digues qui ont causé l'inondation du pays, peu à peu ces lacs se sont comblés, et c'est aux travaux de dessément qui ont été entrepris depuis peu pour les remettre en culture que l'on doit la connaissance de ces forêts souterraines dont la chute est décrite par César en parlant des Bretons, qu'il poursuivit jusque dans leurs forêts marécageuses.

§ 62.

En France, dans le territoire de Livière, près de Narbonne, il existe un lac souterrain reconnu par cinq gouffres nommés les Oliols, d'une profondeur extraordinaire et remplis de poissons de toute grandeur. La terre autour de ces Oliols tremble sous les pas des hardis pêcheurs qui vont à la pêche de ces poissons.

Mais c'est assez et beaucoup trop; je ne voulais citer que quelques exemples de lacs souterrains, et les grandes forêts ensevelies sous des tourbes et des terres cultivées, quelquefois sujettes à être encore inondées, m'ont entraîné, sinon hors de la question que j'avais à traiter, du moins dans des détails que vous voudrez bien, Messieurs, excuser, en faveur de l'intérêt qu'ils ont peut-être pu vous présenter, et qui font d'ailleurs tellement partie de mon sujet, qu'il m'eût été bien difficile de les passer sous silence.

§ 63. *Desséchement de plaines plus basses que tout le pays environnant.*

L'Allemagne et l'Angleterre offrent de nombreux exemples de plaines inondées et de marais plus bas que tout le pays environnant, autrefois incultes, aujourd'hui parfaitement desséchées, bien cultivées et donnant de belles et abondantes récoltes.

§ 64.

Le docteur *Nugent* paraît être le premier (1) qui dans la Relation de son voyage d'Allemagne, publiée en 1768, ait fait connaître les procédés

(1) *Voyage en Allemagne,* du docteur *Nugent. London.* 1768.

suivis par les Allemands pour le desséchement de ces terrains, et l'on trouve dans la *Grande Encyclopédie britannique* (1), à l'article du *Desséchement,* une description détaillée et comparée de la méthode des Allemands et de celle qui est suivie en Angleterre dans le comté de Roxburgh.

### § 65. *Description du procédé.*

Lorsque le terrain à dessécher est plus bas que tout le pays environnant, de manière que, pour parvenir à son desséchement, on serait obligé de creuser un grand nombre de tranchées profondes, qui coûteraient plus que le terrain ne vaudrait après son desséchement, on commence par déterminer le point le plus bas de la plaine ou du marais à dessécher, et on le prend comme centre de l'opération, qui doit se faire dans la belle saison, et surtout dans une année de sécheresse. On s'établit le plus économiquement que l'on peut sur cet endroit avec des fascines et des planches, et l'on perce au centre avec des bèches, des louchets ou des dragues, suivant la nature du terrain, un puits ou puisard, que l'on descend aussi profondément qu'il est possible

(1) *Encyclopedia britannica*, Agriculture *Draining*.

de le faire à travers les terres, les glaises ou les tourbes, en les soutenant avec des branches d'arbres et des planches.

On remplit ensuite le puits avec des pierres brutes irrégulières, jetées pêle-mêle et amoncelées sans aucun ordre les unes au dessus des autres, autour d'un tube ou coffre de bois placé verticalement dans le centre du puits et destiné à la manœuvre de la sonde.

Lorsque le remblais est fait, on descend la sonde dans le coffre et l'on perce jusqu'à ce que la tarière atteigne quelque terrain perméable qui absorbe toutes les eaux de la surface.

Enfin, lorsque la sonde a fait connaître un de ces terrains perméables, on fait, sur toute la surface du terrain à dessécher, des fossés ou des coulisses qui aboutissent au puisard, comme à un centre commun.

§ 66.

Si le terrain présente une grande étendue, on perce plusieurs de ces puits, et souvent, pour éprouver moins de difficulté dans leur percement, on les ouvre, non dans le terrain à dessécher, mais dans son pourtour, et l'on dirige les fossés, du centre du terrain ou du marais vers les puits percés en dehors.

Lorsqu'on est assuré que les sondages produisent tout leur effet, on remplit les fossés avec des pierres ou des fascines, et on les recouvre de gazon et de terre, en nivelant ensuite toute la surface.

§ 67. *Desséchemens dans le Hertfordshire et le Warwickshire.*

Dans le Hertfordshire et le Warwickshire, de vastes plaines autrefois inondées constamment, ont été promptement desséchées et livrées à la culture, au moyen de puisards et de sondages de 10 à 12 mètres de profondeur au dessous du banc de glaise qui retenait les eaux recouvrant généralement de terrains perméables.

§ 68. *Dans le Roxburgshire.*

Dans le comté de Roxburg, les eaux sont retenues par des couches argilo-schisteuses, qui ont 14 à 15 mètres d'épaisseur, et qu'on est obligé de percer pour atteindre, au dessous, des terrains perméables, qui absorbent toutes les eaux de la surface. Les terrains desséchés par ce procédé, antérieurement de nulle valeur, sont aujourd'hui parfaitement cultivés et du plus grand rapport (1).

---

(1) *Annales du Roxburgshire, Britannica agricultura Draining en Roxburgshire.*

§ 69. *Desséchemens en France aux environs de Paris.*

Il existe en France plusieurs desséchemens faits par ce procédé. Les puisards ou puits perdus y ont été mis en pratique dans des temps très reculés. Les grandes plaines argileuses des départemens de Seine-et-Oise, de Seine-et-Marne, de l'Eure, d'Eure-et-Loir, du Loiret, du Calvados, de la Somme, etc., en offrent plusieurs exemples peu connus et sur lesquels la tradition conserve quelques souvenirs mêlés de récits fabuleux plus ou moins merveilleux.

§ 70. *Desséchement de Larchaut, près Nemours.*

Le P. *Morin*, dans son *Histoire du Gatinais*, fait mention du puisard qui absorbe toutes les eaux du marais de Larchaut, près de Nemours, livré à la culture par les religieux de Sainte-Geneviève, anciens propriétaires de Larchaut. Les habitans du pays ignorent à qui ils doivent les bienfaits de ce desséchement; mais ils conservent le souvenir du puits sans fond, de ses grilles, et du trésor qu'il recélait, trésor qu'ils ne savent point voir dans le desséchement de leurs marais.

### § 71. *Desséchement des Paluns, près de Marseille, par le roi* René.

Enfin, un des plus beaux exemples que je puisse citer en France, est celui que présente le desséchement de la plaine des Paluns, près de Marseille, fait par les soins du bon roi René. Cette plaine était anciennement un grand bassin marécageux, sans écoulement. Il fut desséché par des puits perdus ou puisards creusés dans le sol, dont la partie inférieure est de pierre calcaire poreuse et caverneuse. Ces puisards sont nommés embughs ou entonnoirs. Ils sont entourés de murs en pierres sèches à travers lesquelles, y arrivent, en se filtrant, les eaux de tous les fossés d'écoulement, qui sont en grande partie recouverts et forment autant de rigoles souterraines. La plaine des Paluns est aujourd'hui couverte de vignes d'une grande vigueur et d'un produit extraordinaire. Enfin, les eaux qui se perdent dans les cavités de la masse calcaire vont souterrainement vers le port de Miou près de Cassis, où elles forment sur le littoral de belles fontaines jaillissantes (1).

---

(1) La dénomination de *Paluns* (*palus*) indique encore aujourd'hui l'ancien état marécageux que présentait

# QUATRIÈME SECTION.

## DES PUITS PERDUS ET PUISARDS NATURELS, DE LEURS EFFETS EN AGRICULTURE ET DU DESSÉCHEMENT DES TERRAINS INONDÉS, AU MOYEN DES PUITS PERDUS OU PUISARDS ARTIFICIELS ET DE SONDAGES.

Vers le milieu du seizième siècle, des Hollandais vinrent en France, ils entreprirent un grand nombre de dessèchemens. Leurs procédés étaient simples, ils consistaient à tirer le plus grand parti des moyens qu'offrait la nature et à recourir très rarement à ceux de l'art. Cette méthode avait généralement obtenu le plus grand succès. Elle paraît avoir été oubliée, je viens la rappeler.

*Lettre de* CHASSIRON *aux Cultivateurs français.*

### § 72. *Des boitouts ou bétoirs naturels.*

On désigne communément sous les noms de boitouts, bétoirs ou boitards des puits perdus, ou puisards naturels plus ou moins profonds,

autrefois cette plaine. ( *Statistique du département des Bouches-du-Rhône;* par le comte *de Villeneuve*, préfet.)

de diamètres très variés, le plus souvent verticaux, et cependant quelquefois obliques sous différentes inclinaisons.

§ 73.

Les parois de ces puits sont tantôt lisses et unies, tantôt sillonnées verticalement ou en spirale, comme auraient pu le produire des corps durs tourbillonnant dans les eaux qui s'engouffraient dans ces puisards.

§ 74. *Des gouffres, entonnoirs et engoultouts.*

Les gouffres, entonnoirs ou engoultouts ne diffèrent de ces puits que par leurs plus grandes dimensions. Ce sont des excavations quelquefois irrégulières, mais le plus souvent circulaires, d'une plus ou moins grande profondeur, assez généralement placées sur les flancs des montagnes, et cependant assez fréquemment aussi sur leurs sommités ou leurs plateaux.

§ 75. *Matières que contiennent ces boitouts et ces gouffres.*

On trouve presque toujours dans ces puits et ces gouffres des corps étrangers aux masses dans lesquelles ils sont percés, tels que des sables, des graviers, des galets de toute grosseur. Souvent il y a dans leur fond de grosses pierres arrondies, soit de grès, soit de toute autre nature; souvent encore on y trouve des arbres et des ossemens de divers animaux plus ou moins bien conservés.

§ 76. *Des issues qu'ils présentent à leur base.*

Enfin, à la base de ces gouffres, il y a généralement des issues, des fentes, des crevasses, ou des chambres par lesquelles les eaux qui les ont creusés se sont probablement échappées pour s'épancher à travers les couches perméables de l'intérieur des montagnes, ou dans les cavernes qu'elles recèlent fréquemment (1).

---

(1) Les gouffres et les puits naturels sont très rares dans les terrains primitifs; cependant, *Bergman* en a décrit plusieurs qu'il avait remarqués dans les granits de la Suède. *Kalm* en a observé, aux États-Unis, tant dans les granits que dans les autres roches primitives. *Saussure* en cite plusieurs exemples, qu'il a recueillis dans les Alpes. *Patrin* dit en avoir vu plusieurs exemples dans son voyage de Sibérie. Le fond de ces gouffres communique toujours avec quelque superposition de deux roches différentes entre lesquelles les eaux de la surface viennent se perdre ou s'infiltrer pour aller former des sources au pied des grands escarpemens et dans les vallées.

Les plateaux ou sommets des montagnes secondaires

## § 77. *Leur utilité pour l'agriculture.*

Ces puits et ces gouffres sont d'une grande utilité pour l'agriculture dans les pays argileux

---

et les vallées supérieures qu'on trouve entre leurs différentes chaînes et contre-forts, présentent un grand nombre de gouffres ou puisards qui communiquent presque toujours avec les cavernes de l'intérieur de ces montagnes. Les eaux absorbées par ces gouffres forment, à leur base, des sources remarquables, telles que celles de Vaucluse, de Nîmes, de la Laisse, de Chambéry, de Sassenage, de l'Ain, etc.

Les terrains de la formation oolithique en offrent de nombreux exemples, dans plusieurs desquels on voit se perdre et disparaître entièremeut des ruisseaux et même des rivières, qui coulent souterrainement jusqu'à ce que leurs eaux trouvent des issues par lesquelles elles s'échappent en formant de nouvelles rivières : telles sont la Rille, l'Iton, l'Aure, etc., etc., qui disparaissent dans des gouffres ou puisards formés daus le fond de leurs vallées.

Les terrains de formation d'eau douce, soit les calcaires siliceux, soit les calcaires argileux, présentent également un grand nombre de gouffres qui absorbent les eaux de la surface et souvent même des rivières entières. Ainsi, sur le bord de la grande route de Paris à Orléans, près du village de Cercottes, il existe un puisard naturel dans lequel se perdent les eaux de la forêt d'Orléans et et de terres fortes et humides, pour absorber les eaux abondantes que la compacité de ces terres retient à la surface, et qui porteraient le plus grand préjudice aux récoltes. C'est à cette propriété d'absorber les eaux que sont dues les dénominations de boitouts, bétoirs et engoul-

---

celle des étangs d'Ambert. Plus bas, dans la vallée de la Connie, département d'Eure-et-Loire, on trouve beaucoup de ces puisards, dans lesquels cette rivière disparaît en partie. Dans le même département est un gouffre qui présente un phénomène singulier et remarquable. Il est près de l'étang du bois Ballu, dans la commune de Dampierre-sur-Blery ; cet étang reçoit la majeure partie de ses eaux par un gouffre, qui, dans certain temps de l'année, vomit des flots d'eau avec de gros poissons, tels que des brochets, des carpes et autres. On conjecture avec assez de vraisemblance que la petite rivière du Broussaid, qui se perd et disparaît à quelque distance au dessus, communique avec une grande cavité qui renferme un lac souterrain dont le gouffre de l'étang Ballu est le vomitoire. Dans le département de Seine-et-Marne, on voit également dans les terrains d'eau douce des puisards qui absorbent les eaux des rivières : tels sont les gouffres de Liverdy, commune de Tournan ; de Vilgruard, commune de Presles ; de Fontenailles, commune de Mormant, etc. Aux environs de Paris, la rivière d'Hyères nous offre deux exemples remarquables de ces rivières qui se perdent.

touts, sous lesquelles les habitans des campagnes désignent ces gouffres et ces puits.

§ 78. *Exemples de ces boitouts dans les environs de Paris.*

Les territoires des communes de Villeparisis, Livry, Sevran, Aulnay, Drancy et Bondy, dans la grande plaine qui est au nord-est de Paris, au revers de la colline gypseuse de Belleville, Romainville, Noisy-le-Sec, etc., présentent un grand nombre de boitouts ou puisards naturels. Ils absorbent la majeure partie des eaux pluviales et des fontes de neige de cette belle plaine, dont le fond argileux la rend encore, en beaucoup d'endroits, tellement marécageuse, que la culture en serait difficile et même quelquefois impossible dans les années pluvieuses, sans la méthode du billonnage

§ 79. *Dans les départemens voisins de Paris.*

Les départemens de Seine-et-Oise, Seine-et-Marne, du Loiret, d'Eure-et-Loire, de l'Eure, du Calvados, de la Seine-Inférieure, de la Somme, etc., offrent de vastes plaines argileuses dans lesquelles on trouve également de nombreux bétoirs, mais cependant pas encore assez multipliés pour absorber toutes les eaux de la surface. Aussi la méthode du billonnage y est-elle presque généralement suivie pour la culture des terres argileuses. Dans les années pluvieuses, cette méthode est bien souvent insuffisante, et les récoltes souffrent du séjour prolongé des eaux, que les cultivateurs ne savent point faire écouler ou absorber (1).

§ 80. *D'anciennes exploitations de carrières et marnières ont dû donner l'idée de faire des boitouts artificiels.*

Des affaissemens d'anciennes exploitations de marnières ou de carrières, vers lesquels se rendaient naturellement les eaux pluviales et celles

(1) Il existe dans la Beauce des puisards artificiels ; mais ils sont généralement mal faits, ils n'ont qu'une profondeur médiocre ; les eaux qu'ils reçoivent se perdent par infiltration à travers les terres. Quelque mal faits qu'ils soient, ces puisards rendent néanmoins de très grands services à la culture des terres. Les puisards naturels sont très nombreux dans ce pays et y absorbent une grande quantité d'eau avec une promptitude extraordinaire. On trouve également plusieurs exemples de puisards artificiels dans le département de Seine-et-Marne. La tradition n'a conservé aucun souvenir de l'époque où ils ont été percés et de ceux qui les ont faits.

des fontes de neige, *pour y disparaître et s'y perdre entièrement*, ont dû, il y a long-temps, donner l'idée de creuser des puisards ou boitouts artificiels pour dessécher les terres que la charrue ne pouvait cultiver; car je ne puis douter que quelques uns de ces nombreux boitouts que l'on voit dans certaines grandes plaines humides ou marécageuses, n'aient été faits de main d'homme, surtout lorsqu'on voit leur régularité; mais la tradition n'a le plus souvent conservé aucun souvenir à leur égard.

§ 81. *Pourquoi sont-ils si peu multipliés malgré leurs avantages?*

Aussi, en voyant les avantages précieux que l'agriculture doit retirer annuellement des puisards naturels et des boitouts artificiels percés à leur instar, est-on conduit à se demander comment et pourquoi ces derniers n'ont pas été plus multipliés en France, lorsqu'à peu de frais des plaines immenses, souvent couvertes d'eau la majeure partie de l'année, pourraient être mises en culture et leurs récoltes à l'abri de toute inondation?

§ 82.

En effet, dans la plupart de nos départemens, où l'on ne peut cultiver les plaines argileuses que par la méthode du billonnage, souvent insuffisante, on pourrait entièrement dessécher les terres sujettes à inondation, à l'aide de boitouts ou puisards artificiels, qui feraient perdre les eaux pluviales et celles des fontes de neige dans les terrains perméables, qui sont communément au dessous des glaises et des argiles compactes, auxquelles sont dues leur inondation.

§ 83. *Preuve, dans la nature même du sol, des avantages incontestables qu'on peut en attendre.*

Je dis qu'il existe des terrains perméables presque généralement sous les argiles : ainsi, dans quelques endroits, sous les glaises ou les masses argileuses, on trouve des sables, des graviers, ou des couches de galets; ailleurs ce sont des calcaires lacustres ou des calcaires siliceux, caverneux et chambrés, ou fendus et lézardés dans toute leur épaisseur; ici, ce sont de grands dépôts de gypse ou de calcaire marin, dont les couches, rompues et bouleversées, présentent de longues et larges fentes qui se croisent dans tous les sens; là, c'est la grande masse de craie, qui, fendillée par une sorte de retrait qu'elle a probablement éprouvé lors de sa dessiccation, forme un filtre toujours prêt à absorber les eaux lorsque les argiles de la surface ne s'opposent pas à leur infiltration (1). Au delà, ce sont les calcaires oolithiques, coralliques, jurassiques, etc., qui tantôt sont divisés en lames minces ou feuilletées, tantôt sont caverneux, et tantôt rompus ou bouleversés, de manière à donner un libre accès aux eaux de la surface; plus loin, ce sont des terrains schisteux, qui alternent avec des grès, des psammites, des phyllades, des pouddingues et des brèches plus ou moins perméables; et plus loin, enfin, sont les terres argileuses des pays primitifs, des schistes micacés, alternant avec des gneiss, des porphyres et des granits, qui laissent encore filtrer les eaux entre leurs lits de superposition, ou dans les fissures et les fentes qui les coupent et les recoupent en diverses directions.

(1) Dans les pays de craie, on perce souvent près de cent mètres de profondeur dans la masse de craie avant d'arriver à la nappe d'eau qui doit alimenter les puits, et souvent, à cette profondeur, les puits sont encore à sec, les eaux trouvant à s'infiltrer dans la partie inférieure de la craie, également fendillée par son retrait ou par des tassemens et des relèvemens.

§ 84.

D'où l'on voit, 1°. que presque généralement partout, en perçant les glaises et les argiles, dont la compacité s'oppose à l'infiltration des eaux pluviales, on trouve au dessous, des terrains perméables, dans lesquels il y a certitude de les faire perdre ou disparaître plus ou moins promptement;

Et 2°. que parmi les moyens de dessèchement des terres cultivables sujettes aux inondations, quelle qu'en soit d'ailleurs la cause, on ne saurait trop recommander aux propriétaires et cultivateurs l'établissement de puits perdus, boitouts ou bétoirs artificiels, puisqu'une fois bien établis ils n'exigent plus aucuns frais, et qu'ils remplissent constamment le but proposé sans qu'il y ait jamais aucune réparation, aucun entretien à y faire, comme aux autres modes de dessèchement.

§ 85. *Exemples remarquables.*

Les embughs des anciens marais de la plaine des Paluns, près de Marseille (§ 71), aujourd'hui couverts de vignes, sont peut-être le plus bel exemple que l'on puisse citer en France d'un grand dessèchement au moyen de boitouts artificiels, et, en Angleterre, ceux du comté de Roxburgh.

§ 86. *Leur établissement facile et peu dispendieux.*

L'établissement d'un puits perdu ou boitout est facile et peu dispendieux lorsque le terrain à dessécher est plat; mais lorsqu'il y a des fondrières ou des parties profondes et marécageuses, il exige plus de temps et plus de frais.

§ 87. *Acquisition d'une sonde de fontenier.*

Avant d'entreprendre une opération de ce genre, on doit se pourvoir d'une sonde de fontenier-mineur, de vingt-cinq à trente mètres de longueur, avec ses principaux instrumens. La dépense peut en être évaluée de trois à quatre ou cinq cents francs, suivant le nombre des instrumens que l'on prend (1). Cette dépense première ne peut ni ne doit arrêter, cette sonde, qu'on peut d'ailleurs louer, si on ne veut pas l'acheter, devant également servir, d'une part,

(1) On trouvera des sondes de fontenier-sondeur chez M. *Degousée*, ingénieur civil, rue de Chabrol, n°. 13; M. *Flachat*, ingénieur civil, rue d'Artois; *Mullot*, serrurier-mécanicien à Épinay, près Saint-Denis.

pour dessécher un terrain inondé, comme pour se procurer des eaux jaillissantes, et, d'autre part, pour rechercher des marnes, des plâtres, des terres pyriteuses, pour les prairies artificielles, etc., etc.; enfin, la sonde peut être successivement louée à tous ceux qui voudront s'en servir pour faire des dessèchemens ou faire des recherches.

§ 88. *Levée de plans et nivellement du terrain à dessécher.*

La première condition pour assurer le succès d'un dessèchement, au moyen de puits perdus ou boitouts artificiels, est la levée du plan et le nivellement exact de tout le terrain à dessécher, pour connaître l'endroit ou les endroits les plus bas, parce que s'ils sont éloignés les uns des autres, ils détermineront l'ouverture d'autant de boitouts qu'il y a de fondrières, afin d'éviter le creusement de grandes tranchées pour l'établissement de coulisses ou rigoles souterraines, qui doivent recueillir toutes les eaux de la surface.

§ 89. *Nécessité d'une année de sécheresse.*

On devra profiter d'une année de sécheresse

et de la belle saison, pour ne pas s'exposer à être obligé de suspendre les travaux pendant plusieurs mois.

§ 90. *Sondage d'exploration, si on ne connaît pas la nature du fond du sol.*

Les emplacemens des boitouts ayant été déterminés par le nivellement, on fera, sur l'un d'eux, un sondage d'exploration, si on ne connaît pas encore la nature ou la composition du fond du sol, ce dont on peut communément s'assurer dans les ravins, les escarpemens, ou les marnières et carrières ouvertes dans les environs.

§ 91. *Ouverture du boitout.*

Lorsqu'on a acquis la connaissance exacte de la nature du sol, on commence l'ouverture du boitout sur un diamètre de cinq à six mètres, suivant l'étendue du terrain à dessécher, ou la distance d'un boitout à un autre, et l'on pousse rapidement son creusement par banquettes en spirale, autour du cône ou de l'entonnoir, en soutenant les terres avec des pieux et des branches d'arbres ou des palplanches. Si, malgré ces moyens, on craint, ou si l'on éprouve des glissemens et des éboulemens de terre, on donne au talus ou à l'évasement du cône un angle de cinquante à soixante degrés.

### § 92. *Profondeur déterminée par la nature du terrain.*

La nature du terrain détermine la profondeur du puisard. Elle peut n'être que de trois à quatre mètres, comme elle peut l'être de cinq à six et quelquefois au delà, ainsi qu'on l'a vu plus haut. Quelquefois, sous les glaises, on trouve, à un ou deux mètres, des couches dures et pierreuses, sur lesquelles on s'arrête, mais le plus souvent les glaises et argiles ont plusieurs mètres d'épaisseur, et alors il faut les creuser entièrement pour former le cône tronqué, au fond duquel on place de grosses pierres brutes en cercle, en laissant entre elles des intervalles, dans lesquels on fait entrer de force d'autres pierres irrégulières, qui doivent les serrer, tout en laissant cependant des vides ou des interstices pour l'arrivée des eaux. A défaut de pierres, on jette dans le fond du puisard quelques vieux arbres, tels que des chênes, des ormes, des aunes, des saules ou autres, avec des fascines ou des bourrées.

§ 93. *Sondage au centre du boitout et placement du tube.*

Au centre du cône, on fait un sondage de cinq à six mètres de profondeur, jusqu'à ce qu'on atteigne quelque terrain perméable, et l'on place dans le trou du sondage un tube ou coffre de bois d'aune, ou d'orme, ou de chêne, dont l'ouverture dépasse le cercle de pierres ou les trous d'arbres de quelques décimètres.

§ 94.

Pour prévenir l'engorgement du tube, on met dessus quelques épines, et sur celles-ci une pierre plate dont les extrémités portent sur trois ou quatre pierres placées autour du tube.

§ 95. *Remplissage du boitout en pierres brutes.*

On remplit ensuite tout le cône du boitout soit avec des pierres entassées irrégulièrement les unes sur les autres, soit avec des fascines, jusqu'à un mètre environ de la surface de la terre.

§ 96.

Si, lorsqu'on est arrivé à quelques mètres de

profondeur dans le creusement des glaises, l'abondance des eaux ne permettait pas d'approfondir le cône, on devrait se hâter de placer au centre le tube du sondage, puis, comme on l'a vu (§ 44), on remplirait immédiatement, soit en pierres brutes et irrégulières, jetées pêle-mêle les unes sur les autres, soit en fascines, le cône du puisard et l'on procéderait au sondage au moyen du tube.

§ 97. *Ouverture de fossés couverts autour du boitout.*

Dans la circonférence, on ouvre quatre, six, huit fossés, ou un plus grand nombre, suivant le terrain à dessécher. Ces fossés ont d'un à deux mètres de profondeur; on les garnit, à leur embouchure dans le puisard, de pierres brutes, ou de branchages et fascines, que l'on recouvre de tuiles ou de pierres plates.

§ 98. *Recouvrement et nivellement des terres.*

Enfin, et avant de fermer les tranchées, lorsqu'on n'a pas de pierres à sa disposition, on met des fascines, des branches ou des gazons, et l'on recouvre le tout en nivelant les terres, pour que la charrue et les voitures puissent passer partout et dans tous les sens.

5

### § 99. *Inconvéniens des boitouts ouverts; les boitouts fermés sont préférables.*

Ces puisards ou boitouts peuvent rester ouverts, mais les accidens qui en résultent souvent pour les hommes et pour les bestiaux qui s'y précipitent, doivent en décider la fermeture. A cet effet, sur les pierres qu'on y a entassées, on met des fascines ou bourrées, de la paille, des feuilles, de la mousse, du gazon et de la terre. Ainsi, recouverts ou fermés, ils produisent leurs effets aussi bien que les boitouts ouverts, et ils n'en présentent point les inconvéniens.

### § 100. *Sa supériorité sur les autres modes de desséchement.*

Ce mode de desséchement une fois bien établi, l'est pour toujours. Il est infaillible, il est peu dispendieux, il n'est sujet à aucun entretien. Enfin, il n'est point subordonné, comme celui de *Paterson* (§ 19), à l'assentiment de tous les propriétaires ou cultivateurs d'une commune ou d'un canton, assentiment si difficile et malheureusement presque toujours impossible à obtenir, indépendamment de l'inconvénient qu'il présente encore de couper tout un pays, de fossés dans toutes les directions, outre celui de l'entretien annuel.

§ 101. *Objections contre ce mode de desséchement.*

1°. *La dépense.* On pourra objecter que cette méthode exige des frais et des dépenses plus élevés que la valeur du terrain à dessécher; aussi ne le conseillera-t-on que lorsque l'étendue du terrain et la certitude d'en recueillir des récoltes abondantes pourront dédommager de ces premières avances, comme on l'a fait avec tant de succès en Allemagne et en Angleterre.

2°. *La sonde.* Quant à l'acquisition de la sonde, on ne doit pas hésiter, puisque cet instrument peut servir à tout autre usage, et que, d'ailleurs, on peut louer une sonde pour la durée des opérations du sondage, ou les faire faire par un sondeur.

§ 102. *Craintes que la sonde ne produise l'effet contraire et ne fasse jaillir des eaux abondantes.*

Une autre objection mieux fondée est la crainte que le sondage, au lieu de produire le desséchement, par la perte des eaux dans le terrain perméable, ne ramenât au contraire des eaux ascendantes à la surface de la terre. Il est bien vrai que des sondages profonds pourraient produire ce résultat; mais ce ne sont pas des coups de sonde aussi peu profonds que ceux dont il est question qui doivent ramener des sources jaillissantes : *d'ailleurs, le remède serait encore dans la cause même du mal.*

§ 103.

*Réponse à cette objection, par l'exemple des belles fontaines jaillissantes de Saint-Denis qu'on fait perdre à volonté.*

La sonde offre en effet le moyen de se débarrasser des eaux jaillissantes lorsqu'on ne veut pas les employer, puisqu'elle fait connaître à toute profondeur des terrains perméables dans lesquels on peut replonger et faire perdre les eaux ascendantes. Ainsi, dans le grand sondage que M. *Mullot* d'Epinay a fait sur la place aux Gueldres, à Saint-Denis, après avoir, par deux tubes placés l'un dans l'autre, ramené de deux profondeurs différentes (de 53 mèt. et de 66 mèt.) deux sources jaillissantes, l'une à un mètre et l'autre à 2 mètres au dessus du pavé de cette place, cet habile mécanicien a établi un troisième tube d'un plus grand diamètre et contenant les deux premiers, au moyen duquel il fait perdre à volonté l'une de ces deux sources, ou même toutes les deux ensemble par leurs infiltrations dans un terrain perméable, lorsqu'on ne veut pas les laisser couler à la surface de la terre.

### § 104. *Desséchemens par de simples sondages, sans creusement de boitouts.*

Enfin, lorsqu'on veut éviter la dépense des boitouts que ne comportent point de petites surfaces, qu'il est cependant important de dessécher, on peut se borner à ouvrir des coulisses ou rigoles souterraines, dans lesquelles on donne de distance en distance quelques coups de sonde.

### § 105.

De tels sondages ont été faits en France avec le plus grand succès dans plusieurs endroits, pour faire perdre les eaux pluviales sur des terrains dont la dépression causait annuellement l'inondation.

L'ingénieur *Degousée* a fait plusieurs sondages de ce genre et je citerai entre autres celui qu'il a exécuté aux Thermes, près Paris, parce qu'il prouve la facilité avec laquelle, dans tout établissement, usine ou manufacture, on peut à peu de frais, perdre les eaux-mères et infectes que, trop souvent dans les villes ou faubourgs, on laisse couler sur la voie publique, à son détriment et au préjudice de tous les voisins (1).

---

Messieurs, vous m'aviez chargé de rédiger une Instruction sur le desséchement des terres cultivables sujettes à être inondées. Ai-je rempli le but que vous vous proposiez? C'est à vous qu'il appartient de prononcer. Pour moi, fidèle aux principes de nos maîtres, de *Bernard de Palissy* et d'*Olivier de Serres*, je n'ai point oublié que la pratique éclaire bien plus que la théorie. Je me suis donc attaché à décrire des méthodes connues et pratiquées avec succès; j'ai cité des faits, j'ai multiplié les exemples. Peut-être ai-je été beaucoup trop long, mais j'ai voulu parler aux agronomes et aux cultiva-

(1) On ne peut douter que par quelques coups de sonde donnés de distance en distance, on ne fît perdre toutes ces eaux qui s'amassent et qui séjournent dans les fossés des grandes routes et des boulevarts aux portes de Paris et de ses faubourgs. On pourrait facilement en faire l'essai au Rond-Point de la Porte-Maillot du bois de Boulogne, dont les fossés sont souvent pleins d'eau et souvent même insuffisans.

teurs de toutes les classes. J'ai voulu les faire participer aux avantages que les nouvelles méthodes ont procurés à ceux qui les ont adoptées en Flandre, en Hollande, en Allemagne, en Angleterre, en Amérique, etc. Heureux, si par le desséchement de nos terres inondées et de nos marais infects et pestilentiels, nous pouvons enfin parvenir à en faire des campagnes fertiles comme on l'a fait dans ces différens pays!

Voilà le vrai point de grandeur et de prospérité ; voilà les hautes destinées auxquelles la France est appelée et qu'il faut sans cesse avoir devant les yeux, disait, il y a trente ans, l'un de nos collègues, le bon et estimable *Chassiron*, en vous exposant son grand système de desséchement.

---

# PROGRAMME

*Des prix proposés pour le desséchement des terres argileuses et humides, sujettes à être inondées, au moyen de puisards artificiels, de sondages et de coulisses, ou rigoles souterraines.*

---

La Société royale et centrale d'agriculture, tout en reconnaissant les avantages de la culture au moyen du billonnage si généralement répandu, et ceux des divers procédés en usage en Allemagne et en Angleterre pour le desséchement des terres argileuses, froides, compactes et humides, sujettes à être annuellement inondées par la stagnation des eaux pluviales ou celles des fontes de neige;

Convaincue que la méthode du desséchement au moyen des boitouts ou puisards artificiels, des sondages et des coulisses ou rigoles souterraines est infiniment supérieure à tous les moyens employés jusqu'à ce jour pour le desséchement de ces terres, et qu'elle n'en présente aucun des inconvéniens;

Se fondant sur l'expérience, qui en a pleinement démontré tous les avantages,

Croit devoir appeler l'attention des propriétaires et des cultivateurs sur cette méthode et les engager à la mettre en pratique pour le desséchement des terres cultivables, sujettes aux inondations,

A cet effet, elle ouvre le concours suivant :

---

La Société royale et centrale d'agriculture distribuera, dans sa séance publique de 1836, aux propriétaires et cultivateurs qui auraient introduit et mis en pratique la méthode de desséchement au moyen de puisards ou boitouts artificiels, de sondages et de coulisses, ou rigoles souterraines, pour les terres argileuses sujettes à être annuellement inondées :

Premièrement, deux prix, l'un de trois mille francs, et l'autre de quinze cents francs ;

Et secondement, deux accessits, savoir : le premier, la collection complète des *Mémoires* de la Société, avec sa grande médaille d'or ; et le second, la médaille d'or à l'effigie d'*Olivier de Serres*, avec son *Théâtre d'agriculture*, édition de la Société.

L'étendue des terrains desséchés ne pourra être moindre de cinquante hectares, pour le premier prix, et de vingt-cinq pour le second.

La topographie, la nature ou la constitution physique et la manière d'être du terrain desséché, ainsi que les moyens et tous les travaux d'exécution seront décrits avec soin. On y joindra un état exact et détaillé de toutes les dépenses, de quelque genre qu'elles soient, en fouilles, terrasses, sondages ou percemens, fossés ouverts ou coulisses en pierres, bois, gazons, etc.

Des plans, coupes et profils et le nivellement des terrains levés, dressés et dessinés à l'échelle métrique seront joints aux mémoires, avec une légende ou description indicative de tous les détails.

Les concurrens feront connaître :

1°. L'état des récoltes obtenues pendant les cinq dernières années antérieures à l'introduction de la méthode des boitouts, sondages et rigoles souterraines,

Et 2°. leurs produits depuis qu'elle y est établie.

Ces états comparatifs, indiquant les diverses espèces, quantités et qualités des récoltes devront être attestés par les Autorités locales et par les Sociétés d'agriculture du département, ou par les correspondans de la Société royale et centrale, s'il y en a dans le pays;

Et d'ici à l'époque indiquée pour la distribution des prix proposés, la Société décernera des médailles d'or ou d'argent, ou des livres d'agriculture

1°. A ceux qui lui adresseront des mémoires sur l'existence des puisards, puits perdus, gouffres ou boitouts naturels, sur la manière dont ils absorbent les eaux pluviales ou celles des fontes de neige et sur leurs effets relativement au desséchement des terres sujettes à être inondées par ces eaux. On devra donner, avec la topographie du pays, la description détaillée des terrains, leur nature, leurs accidens, la forme et la profondeur des gouffres, la disposition de leurs issues et le cours souterrain présumé des eaux vers les grandes rivières ou les fleuves des environs.

Et 2°. à ceux qui auraient pratiqué des puisards ou boitouts artificiels à l'instar des puisards, gouffres, ou boitouts naturels. Ils devront faire connaître leurs opérations, les dépenses qu'elles ont exigées, indiquer la nature des terrains, l'épaisseur des couches traversées et généralement toutes les circonstances propres à faire connaître et apprécier l'importance de leurs travaux; enfin, faire certifier les effets obtenus par la Société d'agriculture du département et les Autorités locales.

La Société a en outre décidé, 1°. que les recherches qui lui ont été présentées par M. le vicomte *Héricart de Thury*, sur le desséchement des terres cultivables sujettes à être inondées, seraient lues en séance publique, qu'elles seraient imprimées en tête du programme du concours et dans le recueil de ses *Mémoires*, et 2°. qu'il en serait fait un tirage à part pour être mis à la disposition du Ministre du commerce, des travaux publics et de l'agriculture.

Paris, le 30 mars 1830.

*Le Président de la Société royale et centrale d'agriculture*,

Le Baron SÉGUIER;

Le Vicomte HÉRICART DE THURY, *Vice-Président*;

Le Baron SILVESTRE, Secrétaire perpétuel.



IMPRIMERIE DE Mme. HUZARD (NÉE VALLAT LA CHAPELLE),
Rue de l'Éperon, n°. 7.

www.ingramcontent.com/pod-product-compliance
Ingram Content Group UK Ltd.
Pitfield, Milton Keynes, MK11 3LW, UK
UKHW021621260726
13965UKWH00007B/1409